AF240310

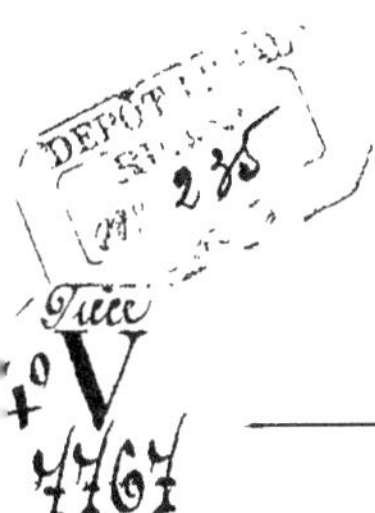

LE FIL DE SOIE

COMMUNICATION

DE

M. Giuseppe GALLESE

de la Associazone Serica di Milano (Italie).

I. — Sa qualité.

Le fil de soie qui a, depuis bien des siècles tenu la première place entre les fils à tisser, nous vint de l'Orient.

La culture du ver à soie s'établit en outre dans l'Orient européen, en Italie, dans le sud de la France et en Espagne, qui sont les pays les plus adaptés à son développement en Europe.

Dire sa supériorité sur tous les autres fils devant une semblable assemblée de techniciens de l'industrie textile, semble inutile.

Néanmoins il ne faut pas oublier, surtout maintenant où les simili-soies et articles plus ou moins similaires semblent vouloir envahir tous les marchés de consommation des tissus soyeux, quelles sont les prérogatives du fil de soie que je pense bien pouvoir appeler le roi des fils.

La ténacité du fil de soie (naturellement en rapport avec sa grosseur) est la plus forte que l'on connaisse jusqu'à présent. Elle atteint celle de l'acier. En effet, avec un fil de soie dont la section a 1 millimètre carré, on pourrait soulever 45 kilogrammes, c'est le poids que l'on peut soulever avec un fil d'acier de la même grosseur. Mais, si nous nous reportons aux autres fils de l'industrie textile, nous verrons de suite combien la différence est grande. Au lieu de 45 kilogrammes nous trouvons : 20 kilogrammes pour la soie artificielle,

18 kilogrammes pour le lin, 15 kilogrammes pour la laine et 12 kgr. 50 pour le coton.

C'est justement sa ténacité par rapport à sa grosseur qui a permis à la soie de descendre à des finesses fantastiques par rapport aux autres fils.

C'est ainsi que l'on peut, dans certaines conditions de matériel employé, produire régulièrement des fils de soie pour la consommation de 12-13 deniers à 2 bouts, soit un fil double égal à 721.000 mètres dans un kilogramme de fil, et même des titres légèrement plus fins, ce qui demande dans le premier cas la filature d'un fil unique de 6 deniers, soit égal à 1.500.000 mètres par kilogramme pour le fil simple.

Mais il y a encore un autre coefficient dont il faut tenir compte pour la soie. C'est l'élasticité, dans laquelle elle dépasse aussi tous les autres filés.

En effet, si pour les autres filés comme le lin, la laine, et le coton, il est presque impossible de donner des chiffres en moyenne, puisque l'élasticité des filés de ces matières varie énormément selon les différentes qualités et surtout selon les préparations spéciales auxquelles elles sont soumises, nous savons par contre d'une façon sûre que la soie, même sous ce rapport, est en avance sur tous les autres filés pour tissage.

L'allongement exprimé en millimètres sur mètre, qui est en moyenne pour les soies, en général, de 160, atteint parfois dans les bonnes qualités 200 et arrive pour les meilleures jusqu'à 225-240 degrés.

C'est surtout sa grande élasticité et sa ténacité qui ont permis d'employer la soie naturelle, la reine des fils à tisser, d'une façon très large dans le tissage mécanique en écru ; c'est pour cela que l'on peut ordinairement filer même du 9-11 deniers pour tissage soit un fil de 90.000 mètres par kilogramme, et même arriver à préparer des fils encore plus fins pour quelque article spécial comme des 8/10 et 9/10 qui sont employés par des fabricants de tulle et dentelles anglais et qui correspondent à 1.000.000 de mètres par kilogramme.

Ces propriétés spéciales de la soie, qui contribuent certainement pour la plus grande partie à donner une valeur à ce fil, sont dues, outre qu'à des raisons chimiques, physiques et physiologiques qui entrent en jeu dans la formation de la bave du ver à soie, certainement à sa longueur qui entre dans la composition du fil. Cette longueur, qui atteint dans la soie un minimum de 350-400 mètres à 1.100-1.150 mètres, n'arrive dans la laine qu'à une moyenne de 10 centimètres et dans le coton à une moyenne de 25 centimètres.

Même sous le rapport du poids spécifique, la soie est le fil le plus léger par rapport à son volume. C'est ce qui permet de préparer avec la soie les tissus les plus légers même en conservant leur force supérieure à ceux tissés avec tous autres fils. C'est le jeu de l'élasticité, ténacité et légèreté de la soie qui permet de faire les tissus improductibles avec tout autre matériel pour légèreté vaporeuse, éprouvée à grande résistance.

Examinées ainsi rapidement, les prérogatives que nous appellerons physiques, ou mieux mécaniques de la soie, nous ne pouvons pas oublier sa grande souplesse, qui permet de faire les meilleurs tissus sous le rapport aussi de l'apparence extérieure.

Les produits de la soie sont luisants, souples et légers. Dans ces produits, bien que très brillants, vous n'avez pas le luisant métallique, vitreux de la la soie artificielle par exemple, mais quelque chose de paisible, de reposant pour les yeux, qui donne l'idée de la richesse de ce fil noble entre les nobles.

Avant de conclure ces courtes notes sur la qualité du fil de soie il n'est pas inutile peut-être de rappeler comment le fil de soie entre tous, se prête merveilleusement à être facilement teint dans toutes les nuances les plus variées que les exigences du tissage, de la mode, et des consommateurs demandent.

En vertu de sa force et de son élasticité, la soie supporte aisément en teinture aussi des surcharges de poids que personnellement nous ne pouvons pas approuver, mais qu'en tous cas il n'est pas dans notre tâche actuelle d'examiner et d'étudier.

La soie ne craint pas d'une façon sensible les variations de température et d'humidité conservant, même à l'état humide, sa ténacité originaire presque intacte et avec des variations peu ou presque insignifiantes.

Nous croyons avoir ainsi très rapidement, mais aussi assez clairement donné une idée des particularités qui distinguent la soie des autres fils employés dans le tissage.

Mais si cette reine des fils a tant de bonnes qualités que lui envient ses confrères et qui poussent les chimistes à l'étudier pour en faire la contrefaçon, ce n'est pas une raison pour que nous ne nous soucions pas de tenir en haute valeur le mérite de la soie et que nous ne fassions pas tous nos efforts à le maintenir, non seulement à la hauteur qu'elle a atteint, mais aussi à l'améliorer autant que la science nous le permet et l'expérience nous le conseille.

II. — Moyens d'améliorer la qualité.

Maintenant que nous avons vu très rapidement les propriétés spéciales qui distinguent la soie des autres fils, nous allons étudier les moyens que nous croyons plus adaptés pour son amélioration ; nous partagerons ces moyens en trois classes : la préparation du matériel originaire : les cocons — la filature de la soie — le moulinage.

Cocons. — Il n'y a personne qui, s'étant constamment occupé de l'industrie de la soie, soit sous le rapport industriel, soit comme étude, n'ait pas constaté, comme en général, la production des cocons, non seulement a diminué dans les dernières années, mais a surtout été fortement négligée par rapport à la qualité.

Pour ce qui concerne la quantité ce n'est pas un fait qui entre dans notre tâche, cependant nous ne pouvons pas cacher qu'un danger s'impose à l'étude des pays européens séricicoles d'une façon de premier ordre. Les fermiers en général vont peu à peu se désintéresser de l'élevage du ver à soie pour donner leur préférence aux autres cultures, soit parce que le renchérissement de toutes les autres denrées de leur production, leur procure des bénéfices presque aussi hauts que la culture du mûrier et le successif élevage du ver à soie, soit parce que les autres cultures, bien plus longues que les dernières, leur évitent, en général, tous les dangers que l'élevage du ver à soie comporte et qui parfois compromettent presque totalement le bénéfice de toute la peine que le fermier s'est donnée pour l'élevage.

Sans étudier à fond la question, nous ne pouvons pas nous empêcher d'indiquer les moyens que nous croyons désormais acquis par la plus grande partie de ceux qui se sont occupés du problème séricicole pour éviter que cette grande industrie ne disparaisse peu à peu, faute de matière première locale ; soit : arriver à convaincre les cultivateurs par une campagne intensive, et par des expériences pratiques dans tous les centres séricicoles européens et dans tous les autres endroits où le climat permet au mûrier de croître aisément, d'abolir les mûriers à haute tige, pour les remplacer par des cultures, soit à prairies, soit par ceps (cepage), soit par haies vives, afin d'éviter les dommages que le mûrier cause actuellement aux autres cultures. Les convaincre aussi qu'ils doivent abandonner les vieux systèmes d'élevage qui sont pour presque la totalité des magnaneries la cause de maladies et de faillites dans l'élevage, et de mauvais rendements des cocons, et leur prouver que le résultat est presque assuré quand on suit des systèmes rationnels, soit pour l'éclosion des graines, soit dans la préparation des locaux pour l'élevage, soit enfin pour les systèmes de nourriture, de changement de litières, d'aération et de température, qui conviennent mieux à la vie de ce précieux petit animal.

Il faut atteindre ce but non seulement par une intensive propagande parmi les cultivateurs, mais aussi et encore mieux, par des élevages expérimentaux dans les différents centres séricicoles.

Si nous devons vous demander pardon de nous être éloignés même trop longuement de notre chemin, il n'est cependant pas inutile de ramener votre attention sur le fait que la solution du problème de la production des cocons, par rapport à la quantité, a la même grande importance que la solution par rapport à la qualité. C'est évident qu'un élevage qui donne des résultats abondants aura aussi donné une production saine et robuste, prérogatives qui entrent fortement en jeu pour nous donner une soie de qualité supérieure.

La qualité des cocons est en rapport direct avec la qualité des graines des vers à soie et nous, qui sommes des amoureux fidèles et passionnés de notre industrie, nous devons constater avec une grande amertume combien de chemin doit parcourir encore l'industrie des graines des vers à soie pour arriver à donner aux cultivateurs une graine supérieure, qui nous donne les résultats que le climat et la situation géographique de l'Italie et de la France permettent de réussir à obtenir constamment.

L'industrie des graines est plutôt préoccupée de donner au fermier une graine robuste et de grande production au lieu de se soucier de nous préparer des races fines qui nous permettent de produire des cocons de qualité appréciée

Le grand concurrent de notre industrie soyeuse, c'est l'Orient, avec lequel nous ne croyons pas pouvoir lutter par rapport à la quantité. Mais là où nous devons faire de notre mieux pour battre la concurrence (et c'est là que nous sommes persuadés de pouvoir réussir), c'est sous le rapport de la bonne qualité. Sur ce terrain, l'élément qui joue le plus grand rôle, est la graine.

Une sélection scrupuleuse, des croisements bien appropriés, un travail honnête, consciencieux et des études sérieuses de la part des producteurs de graines, doivent nécessairement apporter de grands avantages à la préparation d'un fil de soie évidemment supérieur en qualité à toute la soie du lointain Orient, et nous pensons qu'une entente entre les producteurs de graines, sérieux et scrupuleux, mieux que toute loi, puisse atteindre le but d'éliminer du marché les maisons qui (ne se souciant pas du grave danger auquel elles exposent les cultivateurs des vers à soie), jettent sur le marché de la concurrence, des graines produites sans aucun soin, et préparent aux pauvres fermiers, trahis par une misérable question de quelques francs, des surprises bien douloureuses.

Une action des gouvernements peut être invoquée en faisant une campagne loyale dans les écoles d'agriculture, les Chambres syndicales et tous les autres organes qui sont en contact avec les cultivateurs, pour les convaincre de la grande importance que le choix des graines aura pour le résultat des élevages.

C'est cette action qui peut être développée en même temps et par les mêmes organes auxquels est demandée celle dont nous parlions par rapport aux soins à donner pour les élevages, qui, comme on l'a déjà dit, n'ont pas moins d'importance par rapport à la quantité qu'à la qualité de la production.

Filature de la soie. — C'est maintenant que va commencer la tâche exécutive du filateur de soie. Quand le cocon sain et de qualité supérieure est prêt, c'est au filateur seul qu'il incombe d'étudier et de choisir les meilleurs procédés qui lui permettent la confection d'un fil qui réponde aux exigences variées de la consommation.

La plus grande partie des filateurs de soie sont liés aux anciens systèmes de filature. Les difficultés dans lesquelles notre industrie s'est débattue pendant de longues années, depuis les années d'or d'autrefois, ne lui ont pas permis de marcher avec le temps, il faut le reconnaître ; mais est-ce que les industriels, en soie ont fait quelque chose de sérieux et avec un esprit assez large, pour arriver à mettre leur industrie à la hauteur des temps et des progrès de toute sorte de manifestation humaine ? Nous en doutons fortement : une des plus grandes industries qui aurait dû avoir l'appui et le conseil des personnes les plus influentes et les plus intelligentes des pays adaptés à la sériciculture, n'a pas encore eu l'honneur d'une école supérieure, pratique, qui puisse préparer les futurs sériciculteurs de cette industrie splendide.

Quelques efforts isolés des Associations séricicoles aidés de la bonne volonté de rares industriels, ont atteint de bons résultats mais très limités, et ces résultats servent au moins à démontrer l'utilité de quelque chose de plus positif, une véritable Université à laquelle nous pouvons songer et espérer, mais que nous craignons de ne pas voir établie. Si nous voulons que nos filatures nous donnent des produits appréciés par la consommation et qui répondent à ses exigences, nous devons nous soucier avant tout de l'eau employée, que nous essayerons de corriger quand sa composition chimique ne répondra pas à celle de l'eau la plus adaptée pour obtenir de la bonne soie. Ainsi lorsqu'il s'agit de construire une nouvelle filature, l'on doit porter toute l'attention au choix de l'endroit de la construction même, et faire taire tout autre intérêt si l'on s'aperçoit que la qualité de l'eau dans cet endroit n'est pas adaptée à la filature de la soie.

De cette façon, le filateur aura évité des amères désillusions pour l'avenir, soit dans la qualité de la soie produite, soit dans le rendement des cocons.

Si nous voulons cependant que la qualité de nos soies soit tenue à la hauteur qu'elle mérite, nous devons donner tous nos soins à nos usines pour les maintenir dans un état de fonctionnement normal, ce que malheureusement l'industrie de la soie n'a pas fait pendant une longue série d'années.

C'était les années de la crise grave et continuelle de notre industrie, et l'on ne pouvait rien faire pour la mise au point des outils, qui auraient eu besoin de renouvellement ou, du moins, d'être tenus en état de fonctionner normalement.

Quant aux différents systèmes de filature (bien que ce soit toujours jusqu'à présent le cas de différences très superficielles et dans tous les cas peu essentielles), ces différences n'ont, à notre avis, que très peu d'influence sur la qualité de la soie, mais plutôt sur la quantité de la production, et sur les salaires de la main-d'œuvre par rapport à celle-là.

Mais nous aurons à nous occuper plus tard de cela. Quand vous voyez des vieilles filatures bien tenues et dont toutes les moindres parties de leurs machines fonctionnent et marchent comme il faut, vous pouvez être certains qu'à parité des autres circonstances qui entrent en jeu, soit qualité des cocons employés, eaux adaptées à la filature, et bonne main-d'œuvre, vous aurez la possibilité de produire tout autant de bonne soie que vous en pouvez produire avec une filature nouvelle qui vient d'être installée. Mais quand tout est laissé à la merci du temps et du bon Dieu, quand les tavelettes ne marchent pas, quand les tavelles marchent comme elles peuvent, alors nous sommes certains qu'avec toute la bonne volonté de notre part et de la main-d'œuvre, quelque erreur se glissera par-ci par-là et nous n'aurons certainement pas une soie parfaite dans tous ses détails. Mais le coefficient le plus important, l'atout qui joue encore le rôle le plus grand et surtout le plus important dans la filature de la soie, c'est la main-d'œuvre.

Nous avons besoin de former par degré nos ouvrières intelligentes et diligentes. Notre main-d'œuvre doit être spécialisée, et non pas être une main-d'œuvre improvisée, autrement nous ne ferons rien de bon. Il nous faut trouver nos ouvrières dans les endroits où, depuis les premiers jours de leur vie, elles ont entendu parler de la soie. C'est un art atavique et peu facile à apprendre. Ce n'est pas un art fatigant, mais aussi des moins paisibles ; on lui demande des sacrifices d'attention et d'intelligence. Voyons quels sont les soins les plus importants que l'ouvrière doit avoir pendant son travail si elle veut produire une soie qui approche de la perfection.

Avant tout purger soigneusement les baves. Cette opération, si elle est bien faite, assurera un fil très propre, sans besoin d'un repassage trop minutieux sur la flotte de la soie après la filature, ce qui en gâte bien des fois le guindrage et en rend difficile le dévidage. C'est le défaut de beaucoup de filatures et en particulier de certaines ouvrières qui, pour obtenir des résultats très satisfaisants sous le rapport de l'emploi, ou du rendement des cocons en soie, ne purgent pas, ou d'une façon assez imparfaite, les baves avant la filature, et ont des résultats désastreux sous le rapport de la propreté du fil. Soigner toujours, pour les soies grèges destinées au tissage en écru, la croisure. Qu'elle soit bien longue et maintenue soigneusement par la fileuse ; cela assurera une croisure parfaite du fil, qu'aucun frottement du métier ne réussira à défaire. C'est à la croisure que le filateur, qui veut vraiment obtenir une soie supérieure pour tissage, doit donner tous ses soins, toute son attention. L'ouvrière fileuse, quand il n'y a pas d'aide spéciale pour nouer les bouts cassés, aura soin de s'essuyer les mains toutes les fois que le fil se cassant, elle sera forcée d'arrêter le guindre et de nouer à nouveau le fil. Les doigts mouillés (qui tâtonnent entre les fils pas encore secs de la flotte, et dont le collage naturel provoqué par l'eau chaude de la bassine n'est pas encore accompli), ne font que gâter la flotte et provoquer des collages de fils, qui dérangent plus ou moins le dévidage de la flotte plus tard. Mais là où les mérites d'une main-d'œuvre sinon parfaite (la perfection n'étant pas de ce monde), du moins diligente et intelligente, ressortent lumineusement, c'est quand la fileuse s'occupe de la formation du fil de soie. Nous savons que le brin des cocons n'est pas constant, non seulement entre les différents cocons d'un même élevage et de la même région de culture et provenant d'une même graine, mais pas aussi dans le même cocon au fur et à mesure que le brin se développe du cocon. C'est assuré et connu, comme le brin est bien plus gros au commencement et devient successivement plus mince au fur et à mesure que le cocon est filé. Il sera donc nécessaire que le filateur étudie d'avance bien diligemment les cocons qu'il a à sa disposition, en fasse un triage rigoureux sous le rapport de la grosseur des cocons mêmes, car ceux de forme plus grosse ont un brin plus fort, tandis que ceux plus petits ont un brin plus mince. Les cocons ainsi obtenus par le triage et qui auront été partagés en deux ou trois lots, selon le plus ou moins grand degré de régularité par rapport à leur grosseur, seront filés séparément.

Le filateur devra, après avoir étudié quelle doit être la composition du fil par rapport à la grosseur du brin des cocons qu'il emploie, surveiller que la fileuse prête toute son attention pour que cette composition, étudiée d'avance, soit constamment respectée. De cette façon l'on obtiendra un fil de grosseur très régulière dans lequel les différences seront d'autant plus négligeables que la fileuse aura scrupuleusement suivi les instructions du filateur sur ce point. Ce procédé dans la filature donne aussi le grand avantage (et cela surtout à l'emploi des cocons jaunes) d'obtenir une uniformité de couleur dans le fil de la soie, uniformité qui n'est pas atteinte lorsque l'on n'a pas soin de mélanger, dans la formation du fil, des cocons neufs et des cocons déjà à moitié filés ; car il est aussi bien connu partout que la grosseur du brin, mais aussi la couleur, changent au fur et à mesure que le cocon est filé.

Mais tous ces soins ne serviraient à rien pour obtenir un fil régulier, si la fileuse n'a pas soin, d'une façon très diligente, d'éviter les passages fins. C'est le défaut capital que le tisseur rencontre à l'emploi d'une soie pour tissage en écru ; c'est le défaut qui fait qu'une soie, tout en étant supérieure par la qualité des cocons employés, ne puisse pas servir au susdit emploi.

Malheureusement il n'est pas possible à l'état actuel des outillages séricicoles, d'adapter un dispositif mécanique qui puisse nous donner la sûreté matérielle de pouvoir éviter ce défaut. Le soin d'éviter ou de rendre ce défaut le moins grave possible, est laissé, lui aussi, à la diligence et à l'attention constante de la fileuse. C'est elle qui doit constamment porter toute son attention sur l'allure des différents bouts en cours de filature, pour remplacer rapidement le cocon qui s'est détaché à la suite de la cassure d'une bave. Plus elle sera attentive, diligente et prompte à ce remplacement, mieux elle aura préparé un filé dans lequel le défaut sera insignifiant.

Nous ne discuterons pas les cas où deux et même trois cocons peuvent se détacher en même temps du fil en cours de filature. Dans ce cas, il est non seulement utile, mais indispensable (si l'on veut obtenir une soie qui fasse un bon emploi au tissage) d'enlever de la flotte en formation le passage plus ou moins long du fil qui s'est glissé dans la flotte, malgré qu'il manque deux ou même trois baves. C'est seulement en persuadant nos ouvrières de cette nécessité, en veillant à ce que cette disposition soit toujours appliquée, que l'on arrivera à éviter un des plus grands défauts de la soie pour tissage.

De tout ce que nous venons d'exposer, il résulte d'une façon très claire que le premier moyen qu'il faut avoir à notre disposition pour améliorer nos soies, est celui de nous préparer, de nous créer au fur et à mesure, une main-d'œuvre intelligente et attentive, qui nous suive et nous aide dans nos efforts.

Qui de vous, Messieurs, nous a suivis jusqu'ici avec attention, s'étonnera peut-être de n'avoir pas entendu causer jusqu'à présent de température et d'humidité. Nous avons voulu tenir ces sujets rassemblés, pour en causer à part croyant que c'est un des sujets capitaux qui jouent un rôle des plus importants dans la filature d'un fil de soie. Il n'est plus le temps où il était encore permis de voir les grandes salles de filature envahies par un brouillard épais et humide qui, outre qu'il créait un air ambiant nuisible aux ouvrières rendait aussi plus difficile l'obtention d'une bonne soie. Il y a nombre de dispositifs spéciaux et de systèmes plus ingénieux les uns que les autres pour débarrasser du brouillard les filatures; à chacun de choisir le système qui lui semble le plus rationnel et le plus approprié, d'autant plus que dans un tel choix, doivent certainement jouer un grand rôle aussi la situation et l'ambiant plus ou moins humide, plus ou moins exposé aux vents, où la filature est bâtie. Il est en tout cas indispensable qu'une filature de soie soit munie d'un dispositif qui nous crée un air ambiant le moins humide possible et suffisamment réchauffé. Plus nous aurons obtenu un air ambiant en de bonnes conditions générales, moindres seront les soins que nous devrons avoir pour le réchauffage intérieur de la caisse des guindres (caisson). Tout le monde sait comment le fil sortant de la bassine est humide, et nous savons aussi comment ce fil doit être nécessairement encore un peu mouillé par la gomme, ou colle naturelle, que l'eau de la bassine sert justement à délayer, et que ce fil même subit une croisure sur lui-même en passant à travers l'outillage que nous appelons la tavelle, qui sert à souder ensemble les différentes baves formant ainsi un fil bien compact et résistant.

Mais ce fil encore tendre qui vient de se former, est encore humide et très facile à se coller avec les autres dans la formation de la flotte, ce qui est très fréquent surtout dans les produits des anciennes filatures où les installations des systèmes de réchauffage sont encore primitifs, tandis qu'ils manquent souvent d'aération artificielle et que d'une façon ou de l'autre ont pour but d'enlever l'humidité du local de la filature. Ainsi il arrive encore souvent, surtout en hiver, de trouver dans les flottes de soie des passages où les fils sont presque collés ensemble par l'humidité de façon à en rendre le dévidage presque impossible sans soumettre préalablement la soie à une nouvelle préparation de reflottage (redévidage), ou bien moyennant des bains, dont ce n'est pas ici le cas d'en causer.

C'est un très grave défaut qu'il faut avoir soin d'éviter dans la filature de la soie et ce problème sera d'autant plus facilement résolu que nous aurons créé des salles ou locaux spécialement aménagés pour être bien aérés et sans humidité ni brouillard.

Il sera cependant nécessaire de disposer dans les caissons ou caisses à guindre, une installation spéciale pour que la température y soit suffisamment élevée pour sécher le fil qui provient de la bassine et qui monte sur la tavelle, avant que le même fil aille se poser contre les fils qui l'ont précédé. C'est bien naturel que lorsqu'on aura obtenu de créer un air ambiant normal dans la filature, pouvant sécher le fil avant qu'il aille se poser sur les autres fils pour former la flotte, le défaut des fils gommés n'existera plus.

Nombreux et différents sont les systèmes d'installation pour le chauffage. Nous ne croyons pas avoir des préférences dans le choix, dépendant plutôt des conditions spéciales où se trouve l'outillage de filature et l'installation du chauffage. En général c'est un tube, ou même deux, en cuivre, portant la vapeur chaude et passant à travers l'intérieur des caissons qui souvent suffit à obtenir le but de l'assainissement du fil humide.

Puisque nous sommes sur l'argument de la température et du chauffage, nous ne pouvons pas oublier la question de l'eau de la bassine, qui joue le plus grand rôle par rapport à la filature de la soie. Une température suffisante que nous estimons environ entre 65 et 75 degrés centigrade en bassine, est nécessaire pour obtenir un fil de bonne élasticité et un collage suffisant pour l'emploi au tissage. Il est bien vrai qu'une soie ainsi produite et que nous aimons appeler bien cuite, aura perdu quelque chose de son brillant ; mais elle aura par contre acquis d'autres avantages plus intimes et essentiels au lieu de ceux de l'apparence, qui feront telle soie recherchée par le consommateur en vue de sa bonne allure au métier, le plus grand et le meilleur juge de la soie. Si la soie ainsi cuite, a perdu en apparence, l'éclat luisant ressortira après le décreusage, quand l'étoffe sera tissée, soyez en sûrs. Mais après tant de peine que le filateur s'est donnée, il n'est pas encore au bout de ses soins : une préparation autant que possible parfaite de la flotte, a presque autant d'importance que la question de la filature, dont nous avons parlé jusqu'ici. C'est surtout les grands consommateurs de soies pour tissage qui recherchent les qualités les plus faciles à dévider et ce besoin est tellement senti surtout par les Américains, que l'on a étudié récemment des outillages spéciaux à grande vitesse, qui permettent de reflotter la soie filée dans le guindre désiré et avec le réglage Grant. L'expérience de ce système et son résultat datent seulement d'hier. C'est un peu hasardeux d'exprimer un jugement définitif ;

il est cependant certain que par cela beaucoup d'améliorations sont ainsi apportées à la soie pour tissage.

Sont exclus d'une façon absolue les fils gommés ; par la grande vitesse donnée à la tavelle qui dévide la soie, on va naturellement ôter les places fines qui, bien qu'elles aient résisté à la lente allure de la tavelle en filature, ne résisteront pas, surtout là où le défaut est plus grave, à celle bien plus rapide du reflottage.

Il reste cependant à notre jugement encore un point inconnu que seule l'expérience de la consommation pourra résoudre. Est-ce que ce grand effort auquel le fil est soumis par la forte vitesse de la tavelle, ne fera pas diminuer l'élasticité de ce fil précieux ? Nous avons vu combien d'importance a l'élasticité dans le classement d'une bonne soie à tisser, et nous savons aussi que l'élasticité d'un fil quelconque va en diminuant chaque fois que le fil est soumis à un allongement : le fil se raccourcit à nouveau, il est vrai, toutes les fois que l'effort cesse, mais il est prouvé qu'il n'atteint exactement plus la longueur primitive, et il reste chaque fois un peu plus long qu'auparavant, ce qui correspond à une diminution de la limite d'allongement du fil même, c'est-à-dire de l'élasticité. Naturellement les créateurs de ce système, qui est certainement très génial et qui sans doute apporte des bénéfices appréciables à la soie, auront prévu le danger que nous avons signalé, mais ce n'est pas le cabinet de l'expert qui pourra nous donner la réponse à cette importante question.

Nous attendons du métier le dernier mot, puisque nous ne nous lasserons pas de le répéter, c'est le métier qui est et restera toujours le juge meilleur et le plus impartial de la qualité de la soie.

Arrivé à ce point de la filature, il ne restera que la dernière opération du repassage et du pliage de la soie. Bien qu'ici ce ne soit plus une question intimement liée à la formation du fil, mais plutôt extérieure et qui ne demande pas même d'avoir à disposition des ouvrières spécialisées, il faut cependant qu'elles soient diligentes et consciencieuses. Elles sont d'une certaine façon le contrôle de tout ce que les autres ouvrières de la filature ont fait précédemment. Quand elles se seront assurées que les flottes n'ont pas de défauts' (c'est toujours une enquête relative) surtout en rapport à la propreté du fil et auront renoué les bouts cassés ou volants s'il y en a, puisque les autres défauts difficilement sont appréciables à l'œil humain, elles feront passer à travers la flotte, trois ou quatre liens pour en fixer le réglage et pour obtenir que dans les suivantes manipulations de la soie, la flotte n'aille pas se gâter surtout en rapport au réglage et conséquemment au dévidage de la flotte même. Pour la facilité de cette dernière opération, surtout quand elle est faite par une main-d'œuvre qui n'est pas de tout de premier ordre, c'est à conseiller que le lien qui lie les deux bouts du fil de la flotte soit de couleur différente de celui des autres liens.

De cette façon le consommateur après avoir placé sur la machine la flotte à dévider, commencera par ôter les liens de couleur uniforme, se réservant en dernier d'ôter celui de couleur différente. Elle aura de cette façon de suite près de la main le bout de la flotte à fixer à la bobine sur laquelle la soie sera dévidée.

Il y a quelques filatures qui, surtout pour les articles meilleurs et qui servent à des emplois difficiles, ont l'habitude de grouper les flottes de grège ainsi filées, en paquets de 3 ou de 5 kilogrammes à l'usage japonais. C'est certainement une bonne habitude, puisqu'elle empêche presque totalement que les fils de soie aillent s'abîmer par les inévitables frottements dans les successives manipulations d'essai : conditionnement, emballage et transport de la soie même.

Moulinage de la soie. — Nous avons vu que les soies destinées au tissage en écru ont besoin d'une filature très soignée, surtout en rapport à la ténacité, élasticité et propreté absolue du fil. Une parfaite croisure et l'absence des places fines si elles doivent faire un bon emploi au métier ne sont pas moins indispensables. Il n'est cependant pas moins vrai que les soies à passer au moulinage doivent être soignées d'une façon tout à fait spéciale si l'on veut produire des ouvrées de mérite supérieur.

Pour ces soies, la croisure soignée du fil a moins d'importance, car elles doivent être après soumises à des torsions, en comparaison desquelles quelques tours plus ou moins de torsion pendant la filature disparaissent.

Quand nous aurons préparé des soies très bien filées sous le rapport de la régularité, élasticité et ténacité du fil, et que nous devons mouliner ces soies, soit en trames, organsins ou crêpe, soit en filés à coudre, le travail qu'il nous reste à faire est plutôt un travail mécanique dans lequel l'intelligence de l'ouvrière entre dans une proportion moindre que dans la filature.

A l'état actuel de l'industrie du moulinage, le plus grand soin que l'industriel doit avoir, s'il veut produire des soies supérieures, c'est celui de tenir son outillage bien à point. Il est vraiment à déplorer de voir que des anciens moulins à soie ont été laissés à eux-mêmes tels quels, pendant des dizaines d'années.

C'est de cette façon que les machines ne marchent plus régulièrement et alors on a des résultats très mauvais. L'un des défauts les plus importants et qui produit parfois des dangers très forts quand les soies ouvrées passent au tissage, c'est l'irrégularité des torsions. Nous ne devons pas oublier que les fuseaux de nos machines sont actionnés par le frottement d'une courroie qui court à grande vitesse le long de la machine. Or, dans ces conditions de travail, il est évident que la régularité d'une soie ouvrée dépend exclusivement de la condition où se trouvent ces fuseaux ; s'ils sont en parfait équilibre, s'ils tournent sans bondissements, si la courroie maintient la juste tension, et si surtout l'on contrôle fréquemment. que la tension même reste constante, nous aurons les meilleures torsions que l'on peut désirer. Mais il ne faut pas oublier que toutes les fois qu'un fuseau n'est plus balancé comme il faut, il bondit dans le trou où il est placé et va produire un passage de torsion irrégulière.

Ces soins diligents sont des plus nécessaires et à observer scrupuleusement avec les outillages modernes dont le principe du fonctionnement n'est pas changé, mais où l'industrie moderne a tâché seulement d'en améliorer le fonctionnement pour pouvoir rejoindre des vélocités supérieures et quelquefois dans une proportion très forte en rapport à celles des anciens outillages. Il est évident que les mêmes défauts provoqués par une même imperfection donneront un résultat d'autant plus appréciable dans le produit, que supérieure sera la vitesse de la machine.

Il en est de même dans toute autre opération préparatoire avant de donner la torsion au fil de soie. Le dévidage, le purgeage, le doublage, sont des opérations mécaniques dans lesquelles la bonne volonté de l'ouvrière entre dans une proportion négligeable. Il suffit en général d'un peu de bonne volonté pour faire un travail parfait quand la machine est bien à point et fonctionne d'une façon régulière. Et cela est tellement vrai que nous voyons combien il est difficile d'avoir une fileuse parfaite dans un délai inférieur aux cinq ou six ans de travail dans une filature, tandis qu'une ouvrière de moulinage nous pouvons la former en deux ou trois ans au plus.

Naturellement le génie humain s'est efforcé de trouver quelque chose de nouveau même dans les machines fondamentales de notre industrie. Cependant le principe informateur de chaque machine est resté toujours le même. Quelques innovations vraiment géniales ont apporté soit dans la filature, soit dans le moulinage des soies, des bénéfices effectifs ; mais nous pensons que les résultats obtenus ont tendu toujours plutôt au but d'augmenter la production en rapport aux ouvrières employées qu'au but tout à fait spécial de l'amélioration de la production comme qualité, ceci dit en ligne générale.

Cette tendance unilatérale nous pensons qu'elle est le résultat d'un état effectif dans lequel se trouve notre industrie. Ce n'est un secret pour personne le fait du manque de main-d'œuvre dont souffrent tous les pays séricicoles européens. Les autres industries qui vivent sous un régime de protection, comme celles du coton, de la laine, sans parler de l'industrie du fer et de l'acier qui dans la mince industrie emploie depuis quelques années grand nombre de femmes au lieu d'hommes, peuvent payer des salaires plus hauts à leur main-d'œuvre. Les produits de notre industrie sont, par contre et dans leur plus grande partie, exportés sur les marchés étrangers en concurrence avec les produits de l'Extrême-Orient où les salaires sont plus bas et le travail de la journée plus long que chez nous.

Voilà, sans vouloir approfondir la question, les raisons pour lesquelles nous nous débattons toujours dans l'éternelle question de la main-d'œuvre. En résumant ces courtes notes, nous arrivons à une conclusion qui ne sera pas quelque chose d'extraordinaire, ce n'est pas une nouvelle méthode soit de filature, soit de moulinage, que nous pouvons soumettre à votre examen.

Dans notre exposition, nous nous sommes bornés à indiquer les défauts dans lesquels il est plus facile de tomber, surtout dans la filature, et à tracer les moyens qui sont à la disposition de notre industrie pour les éviter.

De tout à fait nouveau et qui change le système de filature (rien de pareil nous n'avons à vous soumettre pour le moulinage), il y a les efforts tout à fait récents de filature automatique (un système ancien de deux ans et un autre qui vient de paraître en avril). Mais jusqu'à présent ce sont plutôt des essais de laboratoire sur lesquels il serait trop prétendre que de donner un avis définitif.

A l'état actuel nous ne pouvons pas indiquer ces systèmes de filature comme des moyens pour améliorer la qualité de la soie. Il n'est pas moins intéressant d'en dire quelques mots, ce que nous ferons après en traitant des procédés de filage.

III. — Procédés de filage.

Ceux d'entre vous qui auront eu la bonté et la patience de nous suivre jusque-là, seront à ce point déjà persuadés que nous aurons bien peu de nouveau à vous communiquer. La base essentielle des différentes installations de filature de la soie est maintenant presque partout la même. Nous ne vous parlerons plus certainement des anciennes petites filatures à feu direct, qui tendent à disparaître et dont la production est dans une proportion toujours plus réduite par rapport à la production des filatures à vapeur. Y-a-t-il besoin de résumer ici les désavantages d'une telle filature ? Avant tout on est dans l'impossibilité d'avoir une température constante dans la bassine, l'on ne peut y filer que dans la bonne saison : été et commencement de l'automne (s'il n'est même pas trop humide). Si l'on ajoute que pour ces toutes petites filatures on a une main-d'œuvre occasionnelle et sporadique que l'on emploie pendant une centaine de jours par an au maximum, l'on peut bien en déduire que les produits obtenus sont d'un mérite inférieur et surtout d'un résultat peu pratique par les temps actuels.

C'est pour cela que ces filatures en général emploient des cocons inférieurs : réalines, morts, etc., de façon que les soies produites ont un marché très restreint et dont il ne vaut pas la peine de s'occuper. ·

Les prérogatives de ces soies, à part la question des qualités de cocons' employés, sont : manque de croisure, d'élasticité et ténacité, places fines et forte irrégularité de titre, en plus malpropreté du fil.

Ce sont donc les filatures à vapeur qui peuvent avoir un intérêt pratique pour l'industrie moderne de la soie et non seulement historique comme c'est le cas des filatures à feu direct. Ainsi le 99 % des filatures européennes sont installées aujourd'hui à la vapeur ; vapeur qui est produite par une chaudière centrale et est distribuée soit aux bassines, soit aux batteuses pour le chauffage de l'eau, comme de même aux caissons des guindres pour le réchauffage nécessaire, comme nous avons vu précédemment pour sécher la soie avant de la reflotter.

Or, si la base ou procédé fondamental de ce système est dans toutes les filatures existantes le même, l'on ne pourrait pas dire que toutes les filatures fonctionnant aujourd'hui soient tout à fait égales.

Nous avons des filatures anciennes de trente à quarante ans, qui marchent encore à 5 bouts ou avec une batteuse par deux bassines, et un seul guindre pour chaque bassine. Puis nous avons par contre des installations à 7 et 8 bouts avec une batteuse pour chaque bassine qui est pourvue de deux ou trois guindres (rarement quatre) indépendants l'un de l'autre.

Il n'y a pas besoin de trop de mots pour rappeler votre attention sur le fait que les modifications apportées au second type d'installation, en comparaison du premier, ont le but principal d'augmenter la production horaire de l'ouvrière. En effet, une batteuse pour chaque bassine a le but d'assurer, même par des cocons qui ne soient pas de toute première qualité, la continuité dans la préparation des cocons pour la fileuse, qui ne sera jamais forcée d'attendre que la brosseuse arrive à les préparer ; mais elle aura par contre sous sa main la quantité qu'il lui faut à tout instant, sans interrompre la filature. Les deux ou trois guindres au lieu d'un seul, permettent à la fileuse, toutes les fois qu'un bout se casse, d'arrêter un des guindres pour renouer le fil, tandis que les autres continuent à marcher et à produire en conséquence. Mais l'on ne s'est pas arrêté là et l'on a continué à étudier pour augmenter encore la production horaire de la bassine. Les exigences nouvelles des ouvrières ne permettent plus d'imposer le travail inhumain qu'imposaient nos aïeux à leurs ouvrières. Les treize à quatorze heures par jour de filature, étaient au fur et à mesure réduites à douze, puis rapidement à onze et à dix jusqu'à peu d'années auparavant, pour sauter depuis lors, à huit heures.

Ce n'est pas actuellement notre tâche d'approfondir si le but, que les auteurs des huit heures s'étaient fixé, a été atteint dans les ambiants où en général existent nos filatures et nos moulins à soie, bien que nous en doutions fortement. En effet, nos ouvrières appartiennent en général à la famille des paysans et les heures de travail que l'industrie leur a diminuées, elles les occupent souvent dans des travaux champêtres avec le résultat que nous pouvons aisément nous imaginer.

Il est donc naturel que l'on étudie de parvenir à une plus grande production horaire en augmentant le nombre des bouts ainsi que la vitesse des guindres. C'est ainsi que nous sommes arrivés aux 8 bouts, même parfois jusqu'à 10 bouts, en filant des titres moyens ou fermes, au lieu des 5 et 6 bouts d'une fois, qui arrivaient tout au plus aux 7 bouts pour les titres fins.

Mais à ces résultats, il était impossible d'arriver avec les anciennes machines et les vieux systèmes de filature. Il est évident que c'était impossible d'obtenir de la fileuse une production de 800 à 1.000 grammes de soie dans les huit heures, en continuant à lui demander qu'elle ait à purger les baves, à surveiller les bouts et remplacer les cocons au fur et à mesure que les autres se détachaient, et encore à nouer les bouts qui pendant la journée de travail allaient casser.

Le dernier type de filature est arrivé à une installation dans laquelle la fileuse ne fait que surveiller les 8 ou 10 bouts de sa bassine, afin que la composition du fil reste constante et assure en conséquence la régularité du titre et le manque des passages fins.

Une petite fille brossera les cocons et les passera à une autre ouvrière qui purgera la bave de la brossée (des cocons) de façon à la passer à la fileuse déjà prête à être utilisée pour la filature.

Une autre ouvrière, par contre, qui se promène derrière les fileuses soignera de nouer les fils cassés et surveillera que le croisement des différents bouts soit toujours bien maintenu et bien fait.

En cas contraire, elle refera à nouveau la croisure, tandis que les autres bouts marcheront toujours et la production continuera quand même.

A ce dernier système de filature perfectionné, l'on a pu arriver en substituant à l'ancienne façon de filature (par laquelle la fileuse jetait la bave toutes les fois qu'un cocon se détachait) le nouveau dispositif mécanique appelé jette-bouts (attaccabave) par lequel la fileuse n'a qu'à présenter la bave devant et en contact du disque du dispositif qui roule rapidement sur lui-même et la bave se réunit au bout où elle manquait.

On ne peut pas dire que dès son apparition, ce système ait trouvé des opposants. On se plaignait que le fil en résultait duveteux par les baves qui n'arrivaient pas à se fondre bien ensemble et se coller au reste du fil en cours de composition. Mais le système fut perfectionné par le temps et, partant du même principe, l'on a trouvé différentes applications et obtenu des résultats surprenants. Les ouvrières mêmes ont pris l'habitude du nouveau système ; les anciennes ont perdu l'habitude de jeter la bave, ce qui ne permet pas de pouvoir la couper net et provoque le duvet, tandis que les nouvelles ouvrières qui ont commencé à apprendre, ont trouvé de suite que c'est bien plus facile de filer de cette façon que par l'ancien système.

Apparemment, il semble cependant que l'on a besoin de plus de main-d'œuvre pour ces installations que pour les anciennes. Mais quand l'on pense que la production par bassine horaire peut être, à parité de toutes les autres circonstances, portée en général à deux fois et demie en comparaison de celle des anciennes filatures, on en déduit de suite l'avantage qu'on obtient soit de diminution d'emploi d'ouvrières, soit dans le coût de filature, qui permet de compenser les intérêts pour le capital non indifférent qui est nécessaire aux nouvelles installations.

Si l'on comparait une filature ancienne de cinquante ans avec une des dernières construites, l'on pourrait dire qu'il est impossible d'aller plus loin ; mais il n'y a pas de borne aux recherches de l'intelligence humaine, l'initiative et la génialité de la race nous ayant appris à ne nous étonner de rien; aussi nous pensons que le dernier mot, en matière de filature de la soie, n'est pas dit.

Ainsi la présentation de deux nouvelles machines de filature automatique est tout à fait récente. La première, qui a été présentée aux industriels séricicoles il y a deux ans et la deuxième qui vient de nous être présentée il y a deux mois à la Foire de Milan.

Vous décrire les deux procédés susdits il ne nous serait pas facile et encore nous craindrions de n'avoir pas les éléments suffisants à notre disposition pour le faire. Le principe duquel les deux machines sont parties est à peu près le même : trouver un dispositif mécanique assez rapide qui permettra d'attacher une nouvelle bave de cocon au fil en cours de formation, toutes les fois qu'un cocon faisant partie de ceux en cours de filature, viendra à manquer, soit à la suite de la cassure de la bave, soit parce que le cocon est épuisé. A ce résultat les deux inventeurs y sont parvenus par des moyens différents, et la différence substantielle nous pourrons l'indiquer ainsi : tandis que le premier système arrive à la substitution du cocon par des moyens dirais-je exclusivement mécaniques, le second système se sert de moyens pneumatiques.

Ce sont de toutes petites pompes qui poussent le cocon détaché ou bien la chrysalide à un certain endroit de la bassine d'où en sortant il fait manœuvrer un autre dispositif qui va apporter le fil du nouveau cocon en contact avec le jette-bouts. Mais nous sommes vraiment désolés de ne pas pouvoir porter ici, devant tant de techniciens et studieux des problèmes séricicoles, un jugement basé sur l'expérience d'un exercice vraiment industriel et avec des résultats officiellement contrôlés.

Ce que nous avons vu et nous ne nous sommes pas lassés d'admirer, c'est certainement un effort génial vers une nouvelle direction, c'est-à-dire un nouveau chemin dans cet ordre d'idées ; nous pensons que c'est peut-être le point de départ pour une révolution dans le système de filature ; mais ce n'est pas encore assez pour donner industriellement un jugement sous le rapport de la pratique du procédé et des résultats qu'on peut en obtenir:

Il semble que du premier procédé quelque essai ait été fait depuis deux ans, mais les résultats obtenus jusqu'à présent n'auraient pas permis de risquer une installation d'une certaine importance, qui puisse laisser espérer, une prochaine application industrielle dudit système.

Pour ce qui se rapporte au deuxième système, il semble bien que les inventeurs mêmes ont fait fonctionner quelques groupes de machines pendant une assez longue période de temps, mais les résultats obtenus n'ont pas encore subi un jugement définitif ni un contrôle officiel qui puissent permettre d'en déduire d'une façon sûre s'il a la possibilité et surtout la convenance d'une application industrielle pratique. Il semble cependant qu'il y ait maintenant en cours de construction par un intelligent autant qu'audacieux industriel milanais, une installation assez importante, qui permettra dans peu de temps de pouvoir faire tous les contrôles nécessaires pour juger de la convenance pratique de l'application ainsi que de la valeur des résultats en rapport à la qualité de la soie produite.

Nous ne pouvons pas conclure ces observations sommaires que nous allons soumettre à votre jugement sans les résumer dans un souhait qui part de notre intime et qui est l'expression du grand amour que nous portons à cette grande et noble industrie qui répand ses produits par tout le monde. Nous, séricicoles européens, travaillons tous pour la défense commune de nos produits soyeux en concurrence contre les produits asiatiques. Comme il n'est pas possible de combattre le formidable concurrent sur le terrain de la quantité, efforçons-nous sans mesquines rivalités ni jalousies, non seulement de maintenir nos produits européens à la hauteur qu'ils ont atteint, mais tâchons de les améliorer toujours davantage dans leurs spéciales prérogatives, afin qu'ils maintiennent la première place sur les marchés de consommation, à laquelle nos ancêtres ont su les faire parvenir.

Graineurs, filateurs, mouliniers, n'oublions pas que nos confrères japonais et chinois travaillent à cela. Leurs efforts sont tendus à améliorer leurs produits, à donner à leur soie les qualités intimes et spéciales des meilleures soies des Cévennes, du Piémont, de la Lombardie et du Frioul. Faisons de même, travaillons aussi à améliorer nos produits, et nous aurons loyalement lutté pour la longue existence de l'industrie de la soie en Occident.

Soc. an. Imp. A. Rey. 4, rue Gentil, Lyon. — 93155-D

LA SOIE ARTIFICIELLE

Y A-T-IL OPPORTUNITÉ
DE CHOISIR UN TERME UNIFORME POUR LA DÉSIGNATION DE CE TEXTILE

COMMUNICATION

DE

M. Jean DEFAUCAMBERGE

du Syndicat des Textiles Artificiels, de Paris (France).

A plusieurs reprises déjà, le Syndicat des Textiles artificiels a été consulté sur le point de savoir s'il ne serait pas utile de remplacer, en France, le terme « soie artificielle » par une nouvelle appellation propre à cette matière.

Après consultation de ses adhérents, il a, chaque fois, donné un avis défavorable à ce projet dont l'étude est, aujourd'hui, mise à l'ordre du jour des travaux du Congrès de la Soie.

Il semble, étant donné la position nouvelle de la question (du fait que les Etats-Unis et l'Angleterre adoptent, ou cherchent à adopter, actuellement, le mot « rayon »), que le problème soit double.

Est-il nécessaire et possible d'adopter un mot nouveau pour remplacer le mot « soie artificielle » en France ?

Dans l'affirmative, le mot « rayon » pourrait-il être choisi ?

Sur la première question, l'avis du Syndicat des Textiles artificiels est qu'il n'est pas nécessaire d'adopter un terme nouveau, pour les raisons suivantes :

La dénomination « soie artificielle » s'est établie naturellement, par suite de certaines similitudes entre ce produit et la soie naturelle, similitudes que le développement rapide et considérable de la production et de l'emploi de